BERICHTE ÜBER DIE VERHANDLUNGEN DER SÄCHSISCHEN AKADEMIE DER WISSENSCHAFTEN ZU LEIPZIG

Mathematisch-naturwissenschaftliche Klasse

Band 103 · Heft 1

GEORG SPACKELER

ÜBER DIE MÖGLICHKEIT EINER LIEFERUNG VON MAGNESIUMSULFAT ALS DÜNGEMITTEL SEITENS DES KALIBERGBAUS DER DEUTSCHEN DEMOKRATISCHEN REPUBLIK

ANTON ARLAND

MAGNESIUM IM LANDBAU

AKADEMIE-VERLAG · BERLIN

1958

BERICHTE ÜBER DIE VERHANDLUNGEN DER SÄCHSISCHEN AKADEMIE DER WISSENSCHAFTEN ZU LEIPZIG

MATHEMATISCH-NATURWISSENSCHAFTLICHE KLASSE

Band 97

Heft 1 Prof. Dr. Erich Strack, Beobachtungen über den endogenen Anteil des Kot-Stickstoffs
24 Seiten — 8⁰ — 1949 — DM 2,50 (vergriffen)

Heft 2 Prof. Dr. Ernst Hölder, Über die Variationsprinzipe der Mechanik der Kontinua
13 Seiten — 8⁰ — 1950 — DM 2,75 (vergriffen)

Heft 3 Dr. H. Gerstner / Dr. H. Baark / Dr. H. Graul, Der Wechselstromwiderstand der Froschhaut
25 Seiten — 8⁰ — 1950 — DM 2,75

Heft 4 Prof. Dr. Herbert Beckert, Existenz- und Eindeutigkeitsbeweise für das Differenzverfahren zur Lösung des Anfangswertproblems, des gemischten Anfangs-Randwert- und des charakteristischen Problems einer hyperbolischen Differentialgleichung zweiter Ordnung mit zwei unabhängigen Variablen
42 Seiten — 8⁰ — 1950 — DM 9,— (vergriffen)

Heft 5 Prof. Dr. Herbert Beckert, Über quasilineare hyperbolische Systeme partieller Differentialgleichungen erster Ordnung mit zwei unabhängigen Variablen. Das Anfangswertproblem, die gemischte Anfangs-Randwertaufgabe, das charakteristische Problem
68 Seiten — 8⁰ — 1950 — DM 14,50 (vergriffen)

Heft 6 Prof. Dr.-Ing. Enno Heidebroek, Das Verhalten von zähen Flüssigkeiten, insbesondere Schmierflüssigkeiten, in engen Spalten
40 Seiten — 24 Abbildungen — 8⁰ — 1952 — DM 5,80 (vergriffen)

Heft 7 Prof. Dr. Hans Schubert, Über eine lineare Integrodifferentialgleichung mit Zusatzkern
52 Seiten — 8⁰ — 1950 — DM 9,25 (vergriffen)

Heft 8 Dipl. phys. Helmar Krupp, Bestimmung der allgemeinen Lösung der Schrödinger Gleichung für Coulomb-Potential
28 Seiten — 8⁰ — 1950 — DM 5,50 (vergriffen)

Band 98

Heft 1 Prof. Dr. Walter Schnee, Über magische Quadrate und lineare Gitterpunktprobleme
48 Seiten — 8⁰ — 1951 — DM 4,65 (vergriffen)

Heft 2 Prof. Dr.-Ing. Enno Heidebroek, Über die Beziehungen zwischen Schmierung und Verschleiß bei geschmierter Gleitreibung
Nachdruck — 36 Seiten — 5 Abbildungen — 8⁰ — 1954 — DM 2,75

Heft 3 Prof. Dr.-Ing. e. h. Karl Kegel, Der Salzstock Mirowo bei Provadia in Bulgarien
26 Seiten — 9 Abbildungen — 8⁰ — 1951 — DM 3,— (vergriffen)

Fortsetzung auf der 3. Umschlagseite

BERICHTE ÜBER DIE VERHANDLUNGEN DER SÄCHSISCHEN AKADEMIE DER WISSENSCHAFTEN ZU LEIPZIG

Mathematisch-naturwissenschaftliche Klasse

Band 103 · Heft 1

GEORG SPACKELER

ÜBER DIE MÖGLICHKEIT EINER LIEFERUNG VON MAGNESIUMSULFAT ALS DÜNGEMITTEL SEITENS DES KALIBERGBAUS DER DEUTSCHEN DEMOKRATISCHEN REPUBLIK

ANTON ARLAND

MAGNESIUM IM LANDBAU

AKADEMIE-VERLAG · BERLIN

1958

Vorgetragen in der Sitzung vom 6. Mai 1957
Manuskript eingeliefert am 14. Mai 1957 Spackeler,
22. Oktober 1957 Arland
Druckfertig erklärt am 14. 4. 1958

Erschienen im Akademie-Verlag GmbH, Berlin W 8, Mohrenstraße 39
Lizenz-Nr. 202 · 100/414/58 MdI der DDR Nr. 3858
Satz und Druck der Buchdruckerei F. Mitzlaff KG., Rudolstadt/Thür. V/14/7 (900)
Bestell- und Verlagsnummer 2027/103/1
Preis: DM 1,90
Printed in Germany

INHALTSVERZEICHNIS

GEORG SPACKELER

Über die Möglichkeit einer Lieferung von Magnesiumsulfat als Düngemittel seitens des Kalibergbaus der Deutschen Demokratischen Republik

INHALT

Der Hauptvortrag des heutigen Tages wird der Bedeutung des $MgSO_4$ für Düngezwecke gelten. Mir ist der Auftrag geworden, einleitend über die Möglichkeit der Produktion dieses Stoffes aus unseren erschlossenen Salzlagerstätten zu sprechen, um damit die volkswirtschaftliche Bedeutung einer Verstärkung der Magnesiadüngung für die DDR klarzulegen, die bevorzugt als Lieferant dieser Salzsorte berufen erscheint.

1. Die bisherige Verwertung des Magnesiumsulfates

Als vor rund 100 Jahren bei Staßfurt die ersten Kalilagerstätten entdeckt wurden, fand man dort nur die sogen. Carnallite, d. h. ein Gemenge des Minerals Carnallit ($KCl \cdot MgCl_2 \cdot 6\,H_2O$), Steinsalz (NaCl) und Kieserit ($MgSO_4 \cdot H_2O$), das infolge des Carnallitgehaltes stark hygroskopisch, also zerfließlich ist und vor Versand unter Beseitigung des $MgCl_2$ chemisch angereichert werden muß. Sehr bald fand man die sogen. Kainite, ein Steinsalzgemenge des Minerals Kainit ($MgCl_2 \cdot MgSO_4 \cdot 3\,H_2O$) und dann in größerer Menge die Hartsalze, die unhygroskopisch sind und damit ohne chemische Verarbeitung nur gemahlen als Düngemittel verwertbar waren. Hartsalz ist ein Gemenge von Sylvin (KCl), Steinsalz und Kieserit. Da nur der K_2O-Gehalt bezahlt wurde, gingen der Landwirtschaft von Anfang an erhebliche Mengen $MgSO_4$ im Kalidünger zu, ohne daß man sich dieser Vorteile bewußt wurde. Der höhere K_2O-Gehalt der Hartsalze und ihre leichte Verarbeitbarkeit gegenüber den Carnalliten führte dahin, daß auch die hochprozentigen Fabrikate aus Hartsalzen hergestellt wurden, was die Betriebskonzentration auf den Hartsalzwerken und die Stillegung vieler Carnallitwerke bewirkte, als 1919 mit dem Elsaß auch das deutsche Kalimonopol verloren gegangen war. Zugleich trat eine erhebliche Umschichtung des Absatzes ein, da die Landwirtschaft zur Frachtersparnis in großem Umfange auf hochprozentige Düngemittel überging. Lange Jahre war ein Fabrikat mit 40% K_2O das gängigste Düngemittel im Inlandabsatz. Heute werden weitgehend 50% K_2O gefordert, das man früher als Chlorkalium bezeichnete. Zum Teil werden sogar 60er Salze entsprechend etwa 90% KCl für Düngemittel verlangt. Um diese Marke zu schaffen, müssen also in der chemischen Fabrik die Magnesia-Salze mit hohem Arbeits- und Wärmeaufwand entfernt werden, volkswirtschaftlich ein unnatürlicher Zustand, wenn dem $MgSO_4$ ein Düngewert zukommt.

Freilich blieb die Tatsache, daß die Sulfate für Düngezwecke nützlicher sind als die Chloride, der Wissenschaft nicht ganz verborgen. Im bescheidenen Umfange setzte daher eine Entwicklung ein, den Kieserit zu verwerten und zwar

a) durch Umsetzung des SO_4 des Kieserits mit KCl zu Kalium-Sulfat, ein Erzeugnis, das für bestimmte Pflanzen ein bewährtes, leider aber teures Düngemittel wurde, und
b) durch Lieferung der sogen. Kalimagnesia, eines Gemenges, bei dem neben einem gewissen K_2O-Gehalt ein $MgSO_4$-Gehalt bei einem Höchstgehalt an Chlor garantiert wurde.

Aber nicht alle Werke hatten die geeigneten Rohsalze zur Herstellung dieser Marken. Zudem war der Absatz beschränkt. Nur einzelne Werke hatten sich deshalb auf die Lieferung von Kaliumsulfat und Kalimagnesia eingestellt. Zur Zeit stellt der Kalibergbau der DDR 2 Sorten Kalimagnesia her, die als Reformkali bzw. Emgekali bezeichnet werden. Das Reformkali hat 26—30% K_2O, davon mind. ½ als Sulfat, und ebenso viel $MgSO_4$. Das Emgekali wird mit 33—37% K_2O und 13% $MgSO_4$ garantiert. In Vorbereitung ist die Lieferung einer neuen Marke mit 40% K_2O und 15% $MgSO_4$. Darüber hinaus enthalten fast alle Düngesalze 3—8% $MgSO_4$, die unserer Landwirtschaft gewissermaßen stillschweigend zukommen.

In zunehmendem Maße fand der Kieserit, der bei der Verarbeitung der Rohsalze auf Chlorkalium in fester Form anfällt, in den letzten 2 Jahrzehnten aber auch Anwendung als Schwefelsäureträger für andere chemische Industrieen. Ein Großverbraucher dafür wurde die Kaliindustrie selbst, indem sie sich als Nebengewinnung Glauber- und Bittersalzfabriken angliederte.

2. *Der $MgSO_4$-Gehalt der deutschen Kalilagerstätten*

Die Frage der Liefermöglichkeit von Kieserit seitens der einzelnen Bergwerksbezirke zwingt mich einen kurzen Blick

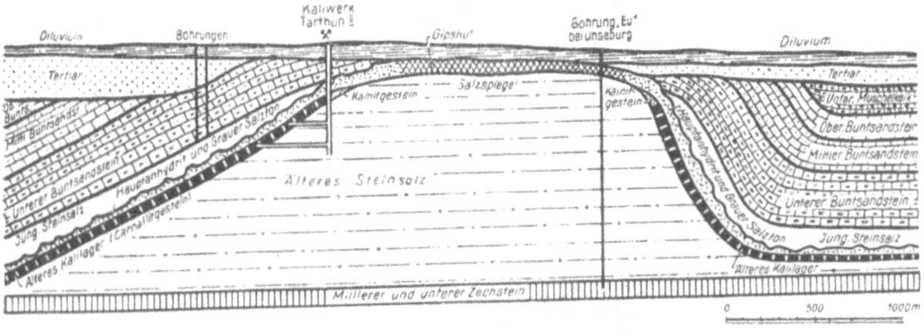

Abb. 1 Profil durch den Staßfurt-Egelner Sattel

auf die Eigenart der verschiedenen Kalilagerstätten zu werfen. Unsere Stein- und Kalisalze sind durch Eindampfen von Meerwasser in Lagunen entstanden. Wir haben Grund zu der Annahme, daß das Meerwasser der Zechsteinzeit ähnliche Zusammensetzung wie das heutige aufwies. Der Löslichkeit der Salze entsprechend haben unsere Lagerstätten daher folgendes Normalprofil, da die leichtest löslichen Salze, die Jod- und Bromsalze, nicht mehr zur Abscheidung gekommen oder nicht erhalten geblieben sind:

zu oberst 1. Kali- und Magnesiasalze
2. Steinsalz
3. Anhydrit oder Gips (schwefelsaurer Kalk)
zu unterst 4. kohlensaurer Kalk.

Abbildung 1 zeigt Ihnen als Beispiel ein Profil des Staßfurter Sattels, in welchem das Hauptkalilager, vom Bergmann als

Flöz Staßfurt bezeichnet, auftritt. Beim Eindampfen der Lagunen fielen Carnallitgesteine aus, die aber örtlich sekundär, teils durch Zutritt von Laugen, teils durch Druck und Tempe-

Abb. 2 Kalisalzverbreitungskarte für Deutschland

ratur in größerer Teufe weitgehend verändert wurden. Durch Wegführung des $MgCl_2$ entstanden z. B. die erwähnten Hartsalze. Noch in der Zechsteinzeit wurden außerdem Teile des ursprünglich ausgeschiedenen Salzes aufgelöst und an anderer Stelle wieder zur Ausscheidung gebracht. Dabei hatte die

Lauge nicht mehr die ursprüngliche Zusammensetzung des Meerwassers. Insbesondere war der $MgSO_4$-Gehalt sehr viel geringer als ursprünglich. In solchen örtlich begrenzten Salzlagerstätten kommen daher überwiegend kieseritfreie Carnallite und vor allem Sylvinite zur Ausscheidung.

Abbildung 2 gibt einen Überblick über die Ausdehnung der Salzlagunen Deutschlands zur Zechsteinzeit. Das Hauptbecken mit dem erwähnten Flöz Staßfurt umgibt den Harz auf allen Seiten. Daneben ist das thüringische, das niederrheinische und das dem Tertiär angehörige oberrheinische Becken zu erwähnen. Das niederrheinische Becken steht zur Zeit nicht in Kaliförderung. Der Schwerpunkt des oberrheinischen liegt im Elsaß; darauf komme ich bei den ausländischen Salzlagerstätten zurück.

Abbildung 3 läßt Einzelheiten über unsere in Produktion stehenden Kaliwerksbezirke erkennen. Das salzfreie Grundgebirge ist in diesem Bilde schraffiert; die kalisalzführenden Flächen sind punktiert. Die schwarzen Flecken im norddeutschen Gebiet sind die sogen. Salzdome, Aufpressungen des mobilen leichten Salzes auf Spalten in Bezirken, in denen die Zechsteinsalze sonst in bergmännisch nicht erreichbarer Teufe liegen. Von volkswirtschaftlicher Bedeutung sind hier in der Umgegend der Stadt Hannover die beiden jüngeren Sylvinitlager, die Flöze Ronnenberg und Riedel, deren Ausdehnung auf der Karte angedeutet ist. Bergmännisch müssen wir danach für unsere Frage folgende Bezirke unterscheiden:

1. Das Werra-Fuldagebiet mit kieseritischem Hartsalz und Carnallit in regelmäßiger Lagerung, zur Zeit der größte Produzent mit den besten und leistungsfähigsten Kaliwerken, von der Zonengrenze durchschnitten und etwa zur Hälfte in der DDR, zur Hälfte in der Bundesrepublik gelegen.
2. Das sogen. Südharzrevier, etwa westlich einer N-S-Linie durch Sondershausen, ebenfalls mit leistungsfähigen

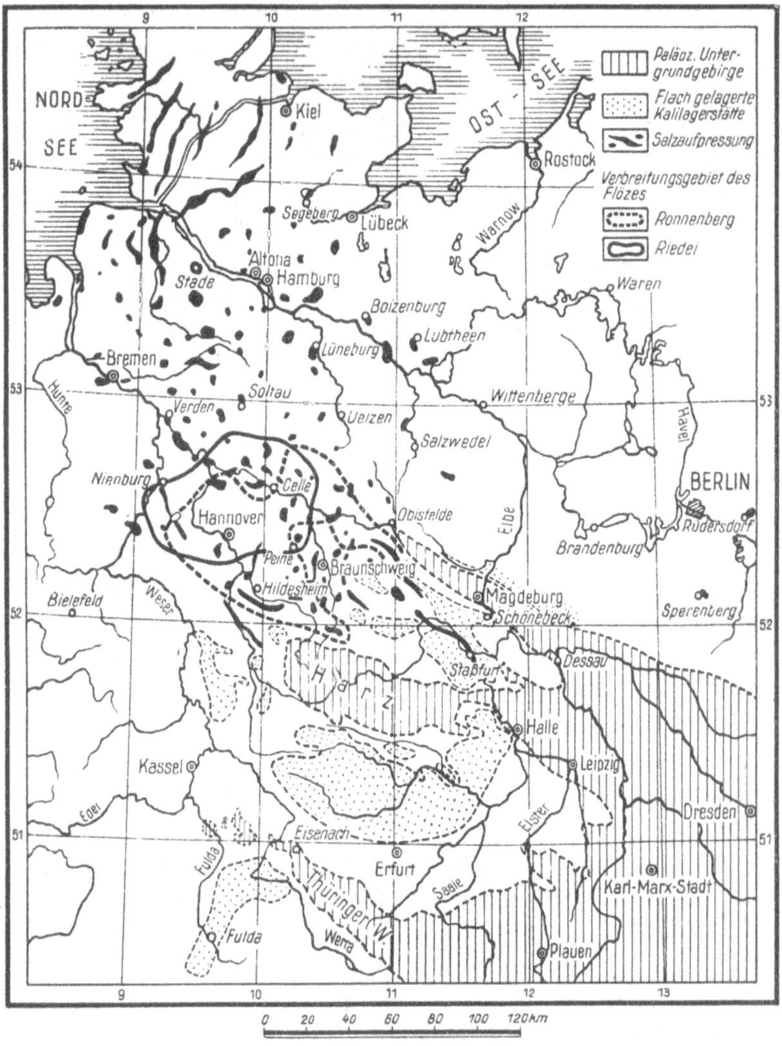

Abb. 3 Übersichtskarte der Salzvorkommen von Nord- und Mitteldeutschland

Schachtanlagen, aber mit anhydritischen Salzen, ohne nennenswerten Gehalt an Kieserit, so daß es für unsere heutigen Betrachtungen ausscheiden muß.

3. Das Unstrutbecken, das östlich des genannten Längengrades bis Halle reicht, mit kieseritischen Hartsalzen und Carnalliten.
4. Das Gebiet von Staßfurt und Bernburg, das überwiegend kieseritische Carnallite enthält, weshalb wir hier sehr viel stillgelegte Werke und heute geringe Förderung finden.
5. Der hannoversche Bezirk der Salzdome, mit schwierigen und gestörten Lagerungsverhältnissen, dafür aber mit hochprozentigen, jedoch kieseritfreien Salzen. Zwar verfügt dieser Bezirk auch über kieseritische Hartsalze; sie werden aber wegen niedrigen K_2O-Gehaltes vorläufig kaum gebaut; der Reichtum des Bezirkes beruht auf den hochwertigen Sylviniten, die zum Teil über 20% K_2O aufweisen gegenüber 10 bis 13% auf den heutigen Hartsalz- und 8 bis 9% auf den Carnallitwerken. Die nordhannoverschen Salzdome liefern nur Carnallite. Der Bergbau ruht hier völlig.

3. Die ausländischen Lagerstätten

Im Anschluß an diese Kennzeichnung der deutschen Kaliwerke erscheint es zweckmäßig, gleich die wichtigsten ausländischen Bezirke zu streifen.

Erwähnt wurde schon das tertiäre oberrheinische Becken, das nicht als Meeresausscheidung, sondern als Binnenseebildung gilt. Seine Salze sind daher ganz überwiegend als kieseritfreie Sylvinite ausgeschieden. Es sind danach sehr wertvolle Salze, die aber für die Magnesiaproduktion nicht in Betracht kommen. Etwas Ähnliches gilt für die beiden anderen großen ausländischen Bezirke bei Solikamsk in der SU und bei Carlsbad in Neu-Mexiko (USA). Im letztgenannten Bezirk werden nur Sylvinitflöze abgebaut; Kieserite sind bisher nicht erschlossen. Auch die SU fördert fast ausschließlich Sylvinite. Ob ihre geringe Carnallitproduktion Kieserit enthält, ist in der Literatur nicht berichtet. Der hohe K_2O-Gehalt des Carnallits, der mit 12% und in der Spitze sogar mit 18% angegeben wird, spricht dagegen. In jedem Falle ist seine Gewinnung durch ungewöhnliche Gas- und Wassergefahren so erschwert, daß mit einer fühlbaren Lieferung von $MgSO_4$ nicht zu rechnen ist. Von Kollegen, welche dort waren, wird diese Kieseritfreiheit bestätigt. An der unteren Wolga sind Salzdome hannoverschen Typs erbohrt, aber vorläufig unerschlossen. Ob sie in späterer Zeit als Kieseritlieferant in Frage kommen, steht dahin. Auch Spanien verfügt nur über z. T. hochprozentige, aber kieseritfreie Salze.

4. Die Liefermöglichkeit der einzelnen deutschen Bergwerksbezirke für $MgSO_4$

Als Ergebnis dieser Betrachtungen können wir feststellen, daß nach unserer augenblicklichen Kenntnis allein die deutschen Kaliwerke für eine Lieferung von $MgSO_4$ in Betracht kommen, so daß bei Ausweitung des Marktes Aussicht auf einen erheblichen Export gegeben ist. Die Bundesrepublik hat schon jetzt im Werragebiet eine erhebliche Erzeugung solcher Sulfate, für die auch Absatz vorhanden ist, während der hannoversche Bezirk unter den gegenwärtigen Verhältnissen dafür ausscheidet. Eine wesentliche Mehrerzeugung wird daher in erster Linie der DDR zufallen müssen, in der, wie erwähnt, der gesamte Kalibergbau abgesehen vom Südharzrevier, in der Lage ist, Kieserit zu liefern, und die in ihren großen z. Z. stilliegenden Carnallitwerken über erhebliche Reserven verfügt.

Im einzelnen ergeben sich für die verschiedenen Reviere der DDR folgende Aussichten:

a) W e r r a g e b i e t. Von den drei großen Kombinaten des Bezirkes ist das Werk Einheit (Heiligenroda) schon heute ganz auf die Herstellung von Kalisulfat und Kalimagnesia eingestellt. Der gesamte anfallende Kieserit in Höhe von 173000 jato $MgSO_4$ wird auf diese Produkte verarbeitet. Erzeugt wird Kaliumsulfat und Reform-Kali. Auch das größte Werk des Bezirkes, das Kombinat Ernst Thälmann (Kaiseroda), kann keinen Kieserit abgeben, da ihm die Erzeugung von Glaubersalz, Magnesiumsulfat (getrocknetes $MgSO_4$) und Bittersalz ($MgSO_4 \cdot 7\,H_2O$) angegliedert ist. Es muß sogar für diese Fabrikation jährlich 20 000 t Kieserit vom Nachbarwerk Marx-Engels (Sachsen-Weimar) beziehen.

Als Hauptprodukt erzeugt Ernst Thälmann 40%iges Düngesalz. Dieses enthält durchschnittlich 4% $MgSO_4$, die der Landwirtschaft heute stillschweigend zugute kommen. Das Werk Marx-Engels verbleibt daher als einziges Werk des Werragebietes, das eine Mehrproduktion von $MgSO_4$ übernehmen kann. Es nimmt zur Zeit Kieserit auf Halde. Im Lösesalz dieses Werkes sind rd. 240 000 jato $MgSO_4$ enthalten, von denen absatzbedingt bisher nur 80 000 t (einschl. der erwähnten 20 000 t für Ernst Thälmann) in der chemischen Industrie verwertet werden. Die Kapazität der Trockenanlage ist ausreichend, um die gesamte anfallende Kieseritmenge zu trocknen, so daß ab sofort der Betrag von 160 000 jato Kieserit zur Verfügung gestellt werden könnte. Leider geschieht die Befreiung des $MgSO_4$ von dem mit ihm verwachsenen Steinsalz durch Auswaschen des letzteren, so daß gewaltige Laugenmengen als Abfallprodukt entstehen, die teils der Werra zufließen, teils im Untergrund versenkt werden, ein Verfahren, das in absehbarer Zeit wegen Füllung der aufnahmefähigen Schicht nicht mehr zulässig sein wird. Die Möglichkeit zur Entwicklung eines besseren Verfahrens bietet die Trennung in fester Form durch Flotation, die aber teurer als das Löseverfahren ist, so daß ein Preisausgleich durch eine angemessene Bewertung des $MgSO_4$ geschaffen werden müßte.

b) Unstrut-Halle-Gebiet. Hier bauen zur Zeit das Hartsalzwerk Roßleben und das Carnallitwerk Deutschland. Im Hartsalz von Roßleben sind 143 000 jato $MgSO_4$ enthalten. Von dieser Menge gehen zur Zeit 10 000 t unbezahlt in das Kalidüngesalz. Der Rest geht als Versatz in die Grube zurück, da ein Auswaschverfahren wie an der Werra ausscheidet; denn die entstehenden Laugen sind hier nicht zu beseitigen. Die Einrichtung einer großtechnischen Flotation ist hier in Vorbereitung. Ein erheblicher Teil des jetzt verlorenen Kieserits und — eine Sonderheit von Roßleben — des Langbeinits wird dadurch nutzbar gemacht werden. Ganz Ähnliches gilt vom Kaliwerk Deutschland, wo zur Zeit der gesamte Rückstand der chemischen Verarbeitung auf Halde genommen wird. Im Lösesalz sind hier 70 000 jato $MgSO_4$ enthalten, die größtenteils gewonnen werden können, wenn die fabrikatorischen Einrichtungen geschaffen werden, was allerdings erst geschehen muß.

c) Staßfurt-Bernburger-Bezirk. Im Betrieb sind hier die zwei Carnallitwerke Staßfurt und Friedenshall und die zwei kleinen Hartsalzwerke Freiheit (Kl. Schierstedt-Aschersleben) und Bernburg-Gröna. Die beiden letzteren geben ihr Hartsalz als Rohsalz ab, so daß der $MgSO_4$-Gehalt im Düngemittel verbleibt. Das Werk Staßfurt wird sich auf die erwähnte neue Marke mit 40% K_2O und 15% $MgSO_4$ umstellen, womit 12 000 jato $MgSO_4$ in das neue Produkt gelangen. Leider sind die restlichen rd. 50 000 jato Kieserit zur Zeit nicht nutzbar, da der Staßfurter Kieserit eine hohe Beimengung von $CaSO_4$ enthält, durch welche die Verarbeitung vorläufig unrentabel gemacht wird. In Friedenshall bei Bernburg geht bereits jetzt $^2/_3$ der gesamten $MgSO_4$-Menge des Rohsalzes in Höhe von 81 000 jato $MgSO_4$ in die Produktion von Emge-Kali. Der verbleibende Teil von 27 000 jato $MgSO_4$ wird fabrikatorisch gewonnen, zur Zeit aber mangels Absatzmöglichkeit auf Halde gebracht.

5. *Ergebnis*

Zusammenfassend ergibt sich, daß das Werragebiet ab sofort 160 000, Bernburg 27 000 jato Kieserit zur Verfügung stellen könnten, während für weitere Produktion die Werke Roßleben und Deutschland noch gewisse Ausbauten vornehmen müßten, zu denen sie Investitionen benötigen. Handelt es sich danach für Bergwerksproduktion um Beträge bescheidenen Umfanges, so hat die Magnesiafrage doch für unseren gesamten Kalibergbau in weiter Perspektive eine ganz ungeheure Bedeutung. Wir sind uns klar darüber, daß unsere Hartsalzvorräte unverhältnismäßig hoch von der Gewinnung beansprucht sind und daß wir in absehbarer Zeit in erhöhtem Umfange zur Carnallitförderung zurückkehren müssen. Zu 1 t K_2O aus Carnallit sind aber etwa 15 t, aus Hartsalz aber nur 9—10 t Rohsalz erforderlich. Die Wirtschaftlichkeit unseres gesamten Kalibergbaues ist dadurch gefährdet. Die Ausweitung des Kaliabsatzes wird uns zudem zwingen, stilliegende Schächte wieder in Betrieb zu nehmen. Es werden notgedrungen Carnallitschächte sein müssen. Der Ausgleich der höheren Produktionskosten muß in einer besseren Verwertung der Nebenprodukte gesucht werden. Als wichtigstes Nebenprodukt kommen die Magnesiasalze in Betracht, ihre Chloride für die Metalloxyderzeugung und ihre Sulfate für die Lieferung von Schwefelsäure und, wie uns hoffentlich der nächste Vortrag zeigen wird, in erhöhtem Ausmaß für die Düngemittelversorgung. Die DDR ist in der Lage, gewisse Mengen $MgSO_4$ sofort, bei entsprechender Planung aber dank unserer großen Carnallitvorräte, ich möchte sagen, beliebig große Mengen davon zu liefern. Sie wird dabei den Weltmarkt beherrschen können, da Westdeutschland nur in beschränktem Umfange als Wettbewerber in Betracht kommt und die ausländischen Kalibezirke ihr nichts Gleichwertiges entgegenzustellen haben.

6. Praktische Folgerungen

Nachdem der Wert der Düngung mit Mg-Sulfat erkannt ist, dürfte es ein untragbarer Zustand sein, die Düngesalze allein nach ihrem K_2O-Gehalt zu beurteilen, d. h. fabrikatorisch die Magnesia als Ballast zu betrachten, der dem Steinsalz gleichgesetzt wird, zumal der Vorteil der Sulfate gegenüber den Chloriden im Düngesalz unbestritten ist. Eine Bewertung des $MgSO_4$ in allen Fabrikaten ist erforderlich, wenn man der Fabrik den Anreiz geben will, das Steinsalz zu entfernen und das Produkt an $MgSO_4$ anzureichern. Zur Zeit ist der Zustand so, daß der Landwirtschaft erhebliche Mengen an $MgSO_4$ zugehen, ohne daß sie überhaupt gewürdigt werden, ohne daß man weiß, welche Mengen davon in den Boden gelangen, ohne daß man sie statistisch erfaßt, und ohne daß völlig geklärt ist, welche Erfolge der Magnesiadüngung zu verdanken sind. Wenn wir den unvermeidlichen Schritt tun, zur verstärkten Gewinnung von Carnalliten zurückzukehren, und damit gezwungen sind, zur Sicherung der Wirtschaftlichkeit des Kalibergbaus die sogen. Nebenprodukte besser als bisher zu verwerten, so wird Magnesiumsulfat neben dem Kalisalz Hauptprodukt werden müssen. Zuvor wird der Wissenschaft die Aufgabe zufallen, die Bedeutung der Magnesiadüngung für bestimmte Pflanzen- und Bodenarten zu ermitteln und jeweils das optimale Verhältnis von Kalium und Magnesium im Düngesalz festzustellen. Wir verfügen über große Carnallitvorräte, deren Ausbeutung bisher die Tatsache entgegenstand, daß man ausschließlich das Kalium gesucht und bewertet hat.

Wir werden dadurch in die Lage kommen, auch Carnallitwerke wirtschaftlich zu betreiben und den höheren K_2O-Gehalt im Rohsalz der auswärtigen Produzenten auszugleichen. Nur auf diesem Wege wird sich uns die Möglichkeit eröffnen durch Wiederinbetriebnahme stillgelegter Schächte, also mit verhältnismäßig bescheidenen Investitionen, Kali und Magnesiadüngemittel gemischt oder getrennt in großen Mengen zur Verfügung zu stellen, wobei sich die Aussicht bietet, den Weltmarkt zu beherrschen, selbstverständlich nicht, ohne die chemische Verarbeitung nach neuen Verfahren auszugestalten und die günstigsten Prozesse für die Erzeugung neuer Produkte zu ermitteln.

Auch lagerstättenmäßig sind Vorbereitungen für die Auswahl der wieder zu eröffnenden Kalisalzbergwerke zu treffen. Als Sofortprogramm schlage ich vor allem eine Inventur unserer Kieseritvorräte vor. Im Südharzgebiet ist auch bei Übergang zur Carnallitgewinnung keine wesentliche Produktion von Kieserit zu erwarten, da auch die dortigen Carnallite, nicht nur die Hartsalze, überwiegend Anhydrit statt Kieserit enthalten. Immerhin ist eine Bestandsaufnahme angezeigt, zumal hier leistungsfähige Schachtanlagen vorhanden sind. Das erwähnte Beispiel von Staßfurt zeigt, daß auch in anderen Gebieten örtliche Vertaubungen an Kieserit vorkommen können, die zwar nach unseren langjährigen Erfahrungen räumlich begrenzt sein dürften, gleichwohl aber beachtet werden müssen, wenn Fehlinvestitionen vorgebeugt sein soll.

Im Interesse der Volkswirtschaft der DDR kann ich danach nur gute Erfolge bei der Verwendung unseres Kieserits als Düngemittel wünschen. Lagerstättenmäßig ist die Lieferung gesichert.

ANTON ARLAND

Magnesium im Landbau

Noch um die Jahrhundertwende fand das Magnesium im Rahmen der Düngung wenig Beachtung, obwohl von Loew (15, 16) in mehreren Veröffentlichungen auf die Bedeutung der Calcium- und Magnesiumsalze in der Landwirtschaft sowie auf ihre physiologischen Funktionen hingewiesen worden war. Angeregt durch die Ergebnisse von Willstätter (32), der Magnesium als Bestandteil des Chlorophylls nachgewiesen hatte, erlangte sowohl die landwirtschaftliche Forschung als auch die Pflanzenphysiologie in diesem Blickfelde neuen Auftrieb. Einen weiteren wesentlichen Beitrag für die praktische Düngerlehre, die seit Liebig (14) eine rasche Entwicklung zu verzeichnen hatte, verdanken wir Lundegårdh (17) und seinen Mitarbeitern durch ihre Untersuchungen über die Ionenaufnahme und den Ionenantagonismus, die nicht nur für die Pflanzenernährungslehre im allgemeinen, sondern auch für die Magnesiumdüngung im besonderen von Bedeutung sind. Lundegårdh (17) weist darauf hin, daß das Wesentliche bei der pflanzlichen Ernährung weniger in den Mengenverhältnissen der im Substrat vorhandenen Nährstoffe liegt, sondern daß das Verhältnis und die Quantität, in der sie von der Pflanze aufgenommen und im Pflanzenkörper verteilt werden, die Gesundheit und Entwicklung bestimmen. Derzeit bringt man zum Ausdruck, daß Magnesium zu einer Volldüngung gehört. Man brachte in Vorschlag, es als fünften Pflanzenhauptnährstoff neben Stickstoff, Phosphorsäure, Kalium und Calcium einzuordnen [Jacob (12)].

Wenn auch seit Liebig (14) bekannt war, daß Magnesium in vielen Pflanzen als nie fehlender Bestandteil vorkommt, so hat die späte Erkenntnis der Bedeutung des Magnesiums verschiedene Gründe: Einmal ist der natürliche Gehalt mancher Böden an Gesamtmagnesium oft ziemlich hoch. Des weiteren erfolgte früher meist eine Zufuhr von Kalirohsalzen, die sich durch erheblichen Gehalt an Magnesium auszeichnen können. Schließlich war auch die Bewirtschaftung der Böden nicht so intensiv, wie es heute der Fall ist. Nicht unerwähnt möge bleiben, daß Magnesium-Mangelerscheinungen vielfach nicht als solche erkannt, sondern anderen Gründen zugeschrieben wurden.

Aus der vorliegenden Literatur wird ersichtlich, daß Magnesium die Photosynthese, den wichtigsten Lebensprozeß der Pflanzen, fördert. Mangel an Magnesium senkt sowohl den Gehalt an Chlorophyll als auch an Carotin und Xanthophyll [Michael (19)]. Wie Michael (19) feststellte, wird lediglich ein kleiner Teil des Gesamtmagnesiums zum Chlorophyllaufbau herangezogen. Die Pflanze nimmt mehr Magnesium auf, als hierfür notwendig ist. Weniger klar ist die Bedeutung der nicht im Chlorophyll vorhandenen Magnesiummengen [Baumeister (5)]. Bekannt ist, daß dem Magnesium als Bestandteil der Fermente eine wichtige Funktion beizumessen ist. Die Mitwirkung des Magnesiums bei Fermentreaktionen scheint sogar sehr verbreitet zu sein [Warburg und Christian (31), Kubowitz und Lüttgens (13), Albers (1)]. Als Antagonist von Kalium und Calcium ist Magnesium daran beteiligt, den protoplasmatischen Zellinhalt in einen Zustand zu versetzen, von dem der Ablauf der Stoffwechselprozesse abhängig ist [Baumeister (5), Lundegårdh (17)]. Schließlich beeinflußt Magnesium auch die Mineralstoffaufnahme. So kann z. B. eine Mobilisierung von Phosphorsäure [Enzmann (9)] bewirkt werden, eine Erkenntnis, die bedeutungsvoll für Böden wäre, die zur Festlegung der Boden- und Düngerphosphorsäure neigen. Es ist möglich, durch Magnesium eine rationellere Ausnutzung der sonst für die Pflanze nicht aufnehmbaren Phosphorsäurereserven des Bodens herbeizuführen. In Versuchen mit Nährlösung wurde vielfach keine Beeinflussung der Phosphataufnahme durch Magnesium festgestellt [Schropp (27)]. Michael

(19) weist in diesem Zusammenhang darauf hin, daß die Aufnahmebedingungen für Phosphorsäure im Boden gänzlich anders geartet sind, „da hier die Löslichkeit der Phosphorsäure im Vordergrund steht, während bei Wasserkulturen die Phosphorsäure, mit Ausnahme der am stärksten alkalischen Lösung, in gelöstem Zustand vorliegt und die Aufnahme lediglich von physiologischen Gegebenheiten der Pflanze abhängt.“ Besondere Bedeutung erlangt die antagonistische Wirkung zwischen Magnesium und Kalium [SCHACHTSCHABEL (21)]. Wie aus Untersuchungen von SCHARRER und SCHREIBER (25) hervorgeht, bestehen auch interessante Zusammenhänge zwischen dem Magnesium und den Mikronährstoffen, wie z. B. dem Bor. Ferner wird berichtet, daß Magnesium dazu beiträgt, den Gehalt an Kohlehydraten, bestimmten Aminosäuren und Fett zu erhöhen [JACOB (12), SCHARRER und BÜRKE (24)]. Nach SCHARRER und BÜRKE (23) ist es an der Bildung von Provitamin A (Carotin) beteiligt. Die ursächlichen Zusammenhänge sind in vielen Fällen noch unklar. Keineswegs selten wird es vorkommen, daß die günstige Wirkung z. B. von Magnesiumsulfat nicht allein auf das Element Magnesium, sondern in beträchtlichem Ausmaß auch auf die Zufuhr des Elementes Schwefel zurückgeführt werden kann.

Die Angaben über den Magnesiumgehalt in der Pflanze schwanken außerordentlich stark, selbst innerhalb der gleichen Pflanzenart. Das darf nicht wundernehmen, da ja die Aufgaben des Magnesiums sehr vielseitig sind und die Wirkung auch von Faktoren anderer Art abhängig ist. Die vorliegenden Zahlen lassen erkennen, daß der Gehalt an Magnesia (MgO) geringer ist als der Gehalt an Kali (K_2O) wie auch Kalk (CaO), daß er aber dem Gehalt an Phosphorsäure ziemlich nahe-, zum Teil gleichkommt [JACOB (12)]. Nach einer von MAYER (18) zur Veröffentlichung gebrachten Tabelle, der Berechnungen von E. v. WOLFF zugrunde liegen, beträgt die mittlere Menge Magnesia in der Trockensubstanz bei Winterweizen bzw. Hafer zur Zeit des Schossens 1,4 bzw. 2,5‰, bei

Getreidekörnern etwa 2,4‰, bei Raps zu Beginn der Blüte 3,2‰, bei Sommerrübsensamen 5,3‰, bei Kartoffelblättern 14,2‰, bei Kartoffelknollen 1,8‰, bei Zuckerrübenblättern 16,9‰, bei Zuckerrüben 2,9‰, bei Mais in der Blüte 6,5‰, bei Rotklee in der Blüte 7,4‰ und bei Luzerne zu Beginn der Blüte 3,9‰. Von Bedeutung ist auch, daß der wasserlösliche Anteil des Magnesiums in der Pflanze sehr beträchtlich ist. Im allgemeinen haben die alten Blätter einen höheren Anteil als die jüngsten [Michael (19)]. Verrottende organische Substanz ist daher besonders hohen Auswaschungsverlusten an Magnesium ausgesetzt.

So vielfältig die Aufgaben des Magnesiums in der Pflanze sind, so unterschiedlich sind auch die Folgen, die bei einem Mangel auftreten. Volkswirtschaftlich ist dabei die Beeinträchtigung des Ertrages an landbaulichen Produkten, sowohl mengenmäßig als auch qualitativ, am schwerwiegendsten.

Im latenten Zustand ist Magnesiummangel an Hand der Pflanzen kaum bzw. nicht zu erkennen, obwohl auch damit bereits ein Minderertrag verbunden sein kann. Erheblicher Mangel ist vielfach schon im Jugendstadium sichtbar. Magnesium-Mangelerscheinungen äußern sich im wesentlichen als Chlorose. Es treten fahlgelbe Flecke oder Streifen auf, die in späteren Stadien z. B. bei der Kartoffel braun und nekrotisch werden können. Die Art der Gelbmusterung ist abhängig von der Aderung. Chlorose wird vorwiegend in den Zwischenaderfeldern sichtbar, während Nerven und Blattrand länger grün bleiben. Blumenkohl, Rosenkohl und Grünkohl, die ziemlich empfindlich gegen Magnesiummangel sind, zeigen anfangs chlorotische Flecke, die sich später bunt färben, wobei Gelb, Orange, Rot und Purpur vorherrschen [Jacob (12)]. Bei Obstbäumen pflegt vorzeitiger Blattfall aufzutreten. Besonders gefährdet sind Apfel und Süßkirsche [Mulder (20)]. Zuerst werden die älteren Blätter betroffen. Diese lassen daher den Zustand der Magnesiumversorgung einer Pflanze besonders gut erkennen [Michael (19)].

Chlorose, rote Verfärbung, Nekrose und Blattfall bedeuten Beeinträchtigung der Photosynthese. Damit verbunden sind Rückgang des Wachstums und Abnahme der Widerstandsfähigkeit gegen Unbilden der Witterung sowie gegen mancherlei Krankheiten. Nach WALLACE (30) ist z. B. beobachtet worden, daß Befall mit Phytophthora infestans bei Kartoffeln zu den Stellen des sichtbaren Magnesiummangels Beziehung hat. All das führt aber letztlich zur Verringerung der Erträge, wobei nicht unbeachtet bleiben darf, daß die aufgezeigten Symptome je nach Art und Sorte sehr unterschiedlich auftreten. Besonders häufig ist Mangel anzutreffen bei Kartoffeln, Rüben, Raps, Roggen, Hafer, Mais, Spinat und Obst.

Je nach dem Ausgangsgestein und dem Verlaufe des Bodenbildungsprozesses ist eine mehr oder weniger große Menge Magnesium im Boden vorhanden. Jedoch ist der Gesamtgehalt des Bodens an Magnesium weniger bedeutsam. Vom pflanzenbaulichen Gesichtspunkt interessiert lediglich die Menge des für die Pflanze verfügbaren Magnesiums [SCHACHTSCHABEL (21)]. Diese ist abhängig vom Ausmaß der Niederschläge, vom Humusgehalt, vom Vorhandensein anderer Kationen usw. So wird z. B. die Aufnahmefähigkeit der Pflanze für Magnesium vermindert, wenn reichlich Ammonium- und Kalium-Ionen zur Verfügung stehen. Allgemein gültige Regeln aufzustellen ist daher sehr schwer. Erfaßt man bei der chemischen Bodenuntersuchung durch entsprechende Extraktionsmittel wie Calcium- oder Strontiumchlorid ($CaCl_2$ bzw. $SrCl_2$) das wasserlösliche und das austauschbare Magnesium, so sollen die auf diese Weise festgestellten Mengen dem pflanzenverfügbaren Magnesium entsprechen [SCHACHTSCHABEL (21), SCHILLING (26)]. Die Gehaltszahlen besagen jedoch sehr wenig, wenn es nicht gelingt, Grenzzahlen zu ermitteln, die angeben, bis zu welchem Gehalt Mangel an pflanzenaufnehmbarem Magnesium vorliegt. Nach CASTENMILLER (6) wird vorläufig „für Düngungsgutachten auf der Basis der Bodenuntersuchung der Grenzwert immer so hoch kalkuliert, daß man praktisch unter allen Umständen gesichert ist". Nach unserem Erachten ist man nicht gesichert, weil es bei Verabreichung von Magnesiumdüngesalzen wegen des hohen Wirkungsfaktors des Elementes Magnesium ganz besonders darauf ankommt, die richtige Menge zu verabreichen. Auch Überschuß kann ernste Schäden im Gefolge haben. Im Rahmen der bisher von SCHACHTSCHABEL durchgeführten Untersuchungen und auf Grund von in anderen Ländern gesammelten Erfahrungen erfolgte zunächst eine vorläufige Festlegung der Grenzzahlen an Hand von sichtbar in Erscheinung tretenden Mangelsymptomen. Unberücksichtigt blieb das weite Gebiet des nicht sichtbar in Erscheinung tretenden latenten Mangels. Als vorläufige Grenzwerte hat SCHACHTSCHABEL für landwirtschaftliche Kulturen bei Sandböden 5 mg, bei Lehmböden 7 mg und bei Tonböden 12 mg Mg/100 g Boden in Vorschlag gebracht [SCHACHTSCHABEL (21)]. Nach HESTER, SMITH und SHELTON (11) traten Mangelsymptome auf sandigen Böden bei verschiedenen Kulturen u. a. bei der Tomate und der Batate im Bereich von 78 ± 11 pounds per acre auf, was 2,5 mg Mg/100 g Boden bedeutet. Beim Hopfen konnte FISCHER (10) auf Sandböden bei 2—10 mg Magnesium (austauschbar nach SCHACHTSCHABEL) Mangelerscheinungen feststellen, wobei nicht unerwähnt bleiben soll, daß das Erscheinungsbild nicht immer den typischen Symptomen dieses Mangels entsprach. Bei kaliumreichen, sandigen Lehmböden traten bei Magnesium-Zahlen zwischen 14 und 21 sehr starke Magnesium-Mangelerscheinungen auf. Es wird angenommen, daß es sich in diesem Falle um relativen Magnesiummangel handelt, der durch den hohen Kaligehalt dieser Böden bedingt ist. Für die Rebe gibt SCHACHTSCHABEL (22) auf Grund einer persönlichen Mitteilung von SIEGEL für Lehmböden als Grenzzahlen 12 bzw. 15 mg Magnesium an.

Aus den eben erwähnten Befunden geht deutlich hervor, daß die Grenzzahlen je nach Pflanzenart verschieden hoch zu bemessen wären. Wie leicht einzusehen ist, möchte auch die

Sortenzugehörigkeit Berücksichtigung erfahren. Nach CASTENMILLER (6) wurden namentlich bei Kartoffeln beträchtliche Sortenunterschiede festgestellt.

Zusammenfassend läßt sich sagen, daß wir von einer zuverlässigen Beurteilung der Böden in bezug auf Magnesium bei Beschreitung des aufgezeigten Weges der chemischen Untersuchung des Bodens noch weit entfernt sind.

Magnesiummangel ist jetzt vor allem auf leichten Böden anzutreffen. Aber „auch bei Lehmböden (z. B. norddeutschen Lößböden) und Tonböden (z. B. manchen Kalkverwitterungsböden)“ wurden in letzter Zeit Magnesium-Mangelerscheinungen festgestellt [SCHACHTSCHABEL (22)]. Obwohl nach SCHACHTSCHABEL (22) für Lößböden noch keine systematischen Untersuchungen über die Beziehungen zwischen dem Mg-Gehalt des Bodens und dem Auftreten von Magnesiummangel vorliegen, sind nach zahlreichen Beobachtungen von Landwirten „die Erträge in den landwirtschaftlichen Betrieben mit hohem Zuckerrübenanbau besonders stark zurückgegangen, was in dem niedrigen Mg-Gehalt der betreffenden Böden von 3—4 mg begründet sein dürfte“. Zu berücksichtigen ist, daß das Auftreten von Mangelsymptomen auch die Folge hoher Gaben von Ammonium- und Kalisalzen sein kann. Besonderer Erwähnung bedarf, daß die jetzt häufiger als bisher auftretenden Mangelerscheinungen als schwere Symptome akuter Erkrankung zu deuten sind.

Als Durchschnittswert für einen jährlichen Entzug durch die Pflanzen können etwa 30 kg/ha MgO angenommen werden [CASTENMILLER (6)]. Hierbei ist zu beachten, daß der Entzug durch die einzelnen Arten sehr unterschiedlich ist. Er beträgt für mittlere Ernten bei Getreide 4—12 kg, bei Kartoffeln 20—50 kg, bei Futterrüben 35—75 kg und bei Heu 20—40 kg/ha MgO [SCHACHTSCHABEL (21)].

Die jährlichen Auswaschungsverluste betragen nach JACOB (12) etwa 20—40 kg/ha MgO. Auf Grund von Untersuchungen, die den Magnesiumgehalt der Böden zum

Gegenstande hatten und seit der Jahrhundertwende in der Landwirtschaftlichen Versuchsstation Speyer durchgeführt wurden, sowie unter Betrachtung von Angaben dieser Art aus anderen Gebietsteilen, ist man nach ENGELS (8) berechtigt anzunehmen, daß die Auswaschungsverluste sich auf Mengen von 150 bis 200 kg/ha und Jahr belaufen können.

Aus all dem ergibt sich, daß der Bedarf an Magnesium bei intensiver Bewirtschaftung recht beträchtlich ist und die Magnesiumbilanz ohne besondere Zufuhr auf die Dauer stark negativ wird: Es erfolgt Raubbau am Boden.

Eine Zufuhr erhält der Boden auf verschiedene Weise. CASTENMILLER (6) weist zunächst auf die Niederschläge hin, die im Hinblick auf Magnesium für die Sandgebiete der Niederlande besondere Bedeutung haben. CASTENMILLER (6) führt aus: „Mit dem Niederschlag wird aus der Luft vom Meer herrührendes Magnesium zugeführt. Auf Grund der von LEEFLANG (...) hierüber gesammelten Daten darf angenommen werden, daß man hierdurch in unseren Sandgebieten mit einer jährlichen Zufuhr von etwa 10 kg MgO je ha rechnen kann (in den Küstengebieten mit etwa 25 kg/ha).“ Weiterhin wird auf vielen Böden Magnesium durch die Zersetzung der Pflanzensubstanz im Boden frei. In der Hauptsache erfolgt Zufuhr von Magnesium in verschiedenen Formen durch die Düngung.

Im Hinblick auf die Düngung kommt es sehr darauf an, daß die Versorgung der Pflanze unter Berücksichtigung der Ansprüche von Art bzw. Sorte und der Umwelt geschieht. Dies ist insofern nicht leicht, als das Element Magnesium, wie oben bereits ausgeführt wurde, über einen hohen Wirkungsfaktor verfügt, d. h. daß verhältnismäßig geringe Mengen ausreichen, um den Bedarf der Pflanzen an diesem Nährstoff zu decken, bzw. daß auf Böden, deren Magnesiumgehalt im Bereich der Grenzzahlen liegt, in Jahren mit ungünstiger Magnesium-Ausnutzung durch die Pflanzen mit Ertragsdepressionen zu rechnen ist [Schachtschabel (22)].

Grundlage und Voraussetzung auch für die Magnesiumdüngung ist ein geordneter Kalkzustand des Bodens [Michael (19), Selke (28)]. Auf sauren, entbasten Böden ist eine Magnesiumdüngung in Form von schwefelsaurer Kalimagnesia zwecklos, wenn nicht gar gefährlich [Michael (19)]. Jedoch soll mit besonderem Nachdruck darauf hingewiesen werden, daß Calcium und Magnesium sich in der Pflanzenernährung und Düngung nicht gegenseitig vertreten können, sondern daß jeder dieser Stoffe seine besonderen Aufgaben zu erfüllen hat [Engels (7)]. Im Obstbau kann neben der Düngung [Mulder (20)] die Spritzung vorbeugend angewendet werden. Man pflegt in Intervallen von 10 Tagen auf 4—6maliges Spritzen mit 2%iger Magnesiumsulfatlösung ($MgSO_4 \cdot 7\,H_2O$) gleich nach der Blüte zuzukommen [Mulder (20)].

Eine Zufuhr von Magnesium erfolgt sowohl durch Verabreichung von Stalldung als auch von Kompost. Nach Jacob (12) gelangen durch eine aller vier Jahre vorgesehene Stalldunggabe von 300 dz/ha jährlich etwa 10 kg/ha MgO in den Boden. Als mineralische Düngemittel sind neben Magnesiumsulfat Kalisalze mit mehr oder weniger hohem Gehalt an Magnesiumsulfat in Betracht zu ziehen wie schwefelsaure Kalimagnesia (Patentkali), Emgekali, Reformkali und Magna-Kali, ein neues granuliertes Kalidüngesalz mit 15% Magnesiumsulfat. Ferner pflegt man dolomitische Kalke, die sog. Graukalke, anzuwenden, die das Magnesium in Form des kohlensauren Salzes enthalten und eine langsam fließende Magnesiumquelle darstellen. Schließlich gibt es auch Phosphorsäuredünger mit Gehalt an Magnesium wie z. B. Mg-Phosphat. Jacob (12) weist neuerdings auf magnesiahaltige Stickstoffdünger hin, und zwar auf Stickstoffmagnesia mit 10% N und 8% MgO bzw. mit 15% N und 4% MgO. In diesen ist MgO in der wasserlöslichen Form des Magnesiumsulfates enthalten.

Ermittlung des Bedarfes der Pflanze dem Anbau ist nach unserem Erachten nur mit Hilfe einer pflanzenphysiologischen Methode an Hand junger, in Schalen bestimmter Art in dem jeweils vorliegenden Boden gezogener Pflanzen der betreffenden Art und Sorte möglich. Wir kommen also auf eine *Befragung der Pflanze* zu. Nach in unserem Institut erarbeiteten Befunden erwies sich die Transpirationsintensität auch im Hinblick auf Magnesium als Indikator für optimale Versorgung [Enzmann (9)]. Wie von uns schon mehrfach ausgeführt wurde, erfolgt die Bestimmung der Transpiration im Rahmen unserer Arbeiten unter Verwendung der *Anwelkmethode* [Arland (2, 3, 4)]. Das Ziel der einzuleitenden Untersuchungen würde in der Erlangung von Befunden zu bestehen haben, die eine optimale Versorgung der Pflanze sowohl in bezug auf die Menge an Magnesium als auch im Hinblick auf die Art des Düngemittels unter Berücksichtigung von Boden und Klima gewährleisten. Die Versuche wären unter Zugrundelegung verschiedenster Böden und Düngemittel vor allem an Hand von jungen Pflanzen (bei Getreide 4-Blattstadium) insbesondere unter Umweltbedingungen einzuleiten, die den Wasserhaushalt rasch erschöpfen. Des weiteren wäre vorzusehen, das Ausmaß des Ertragsausfalles bei Magnesiummangel festzustellen bzw. das Ausmaß der Ertragssteigerung, das durch Magnesiumdüngung erreicht werden kann. Ganz besonders wird es auch darauf ankommen, die Technik zu erarbeiten, die im Hinblick auf die Einstimmung der Pflanzen auf besondere plasmatische Zustände einzuhalten ist [Zwicker (33)]. Dies vor allem, um die Wechselwirkungen zwischen den physikalischen (Licht, Temperatur) und chemischen (Nährstoffkonzentration, Nährstoffverhältnis) Umweltfaktoren in bezug auf die quantitativen und qualitativen Veränderungen der Pflanze studieren zu können [Zwicker (34)]. Parallel zu den Schalen- und Gefäßversuchen wären Pflanzenanalysen durchzuführen, die zum Ziele haben festzustellen, inwieweit der Magnesiumgehalt durch

Düngungsmaßnahmen beeinflußt werden kann. Sehr erwünscht wäre es, die jeweils erzielte Pflanzensubstanz dann auch zur Durchführung von Fütterungs- bzw. Ernährungsversuchen zu verwenden. Späterhin sollte es gelten, die Ansprüche der Arten und, so weit möglich, auch der Sorten bei Berücksichtigung der Herkunft des Saatgutes zu ermitteln. Sorgfältige Beachtung möchten zunächst die besonders gefährdeten Pflanzenarten erfahren. Betont sei, daß alle diese Untersuchungen in Verbindung mit der Praxis zu erfolgen hätten mit dem Ziele, die Erträge zu steigern und zu sichern. Die geplanten Vorhaben sollten aber auch im Sinne der Ausführungen von SPACKELER (29) im Zeichen der Zusammenarbeit mit dem Bergbau stehen. Es würde keine Schwierigkeiten bereiten, den Wert der verschiedenen Magnesiumsalze für die Düngung zu ermitteln oder das optimale Verhältnis von Kalium und Magnesium in den Düngemitteln festzustellen.

Wie notwendig all diese Untersuchungen sind, geht daraus hervor, daß auf vielen Böden Magnesiumdüngung dringend erforderlich ist. Auch aus dem Ausland gehen immer häufiger Berichte über Erscheinungen von Magnesiummangel ein. Andererseits ist nicht bekannt, daß ausländische Kalibergwerke magnesiumhaltige Salze fördern, während aus den Kalisalzlagerstätten der Deutschen Demokratischen Republik bei entsprechender Planung beliebig große Mengen gewonnen werden können.

LITERATUR

1. Albers, D.: Über sog. Aktivatoren der alkalischen Phosphatasen. Hoppe-Seyler's Zeitschrift für physiologische Chemie **266,** 1—10 (1940).

2. Arland, A.: Bodenuntersuchung auf neuem Wege. In: Magnesium — ein Pflanzennährstoff, 9—26. Berlin, Deutscher Innen- und Außenhandel Bergbau 1952 (ins Englische übertragen).

3. Arland, A.: Die Transpirationsintensität der Pflanzen als Grundlage bei der Ermittlung optimaler acker- und pflanzenbaulicher Kulturmaßnahmen. Abhandlungen der Sächsischen Akademie der Wissenschaften zu Leipzig, math.- naturwiss. Klasse **44,** H. 2. Berlin, Akademie-Verlag 1952 (erschienen auch unter dem Titel: „Fiebernde" Pflanzen — mehr Brot? Berlin, Akademie-Verlag 1953).

4. Arland, A.: Ein Beitrag zur Anwelkmethode. Sitzungsberichte der Deutschen Akademie der Landwirtschaftswissenschaften zu Berlin **5,** H. 6 (1956).

5. Baumeister, W.: Mineralstoffe und Pflanzenwachstum. Jena, Fischer 1952.

6. Castenmiller, G. M.: Was ist mit dem Magnesium los? In: Zwei Verbündete: Kalium und Magnesium, 14—35. Berlin, Deutsche Waren-Vertriebsgesellschaft 1953.

7. Engels, O.: Neuere Untersuchungen zur Frage der Wirkung der Magnesia als Pflanzennährstoff und des Magnesiagehaltes der verschiedenen Böden. In: Magnesium — ein Pflanzennährstoff, 203—206. Berlin, Deutscher Innen- und Außenhandel Bergbau 1952 (ins Englische übertragen).

8. Engels, O.: Die Bedeutung des Magnesiums für das Pflanzenwachstum und der Magnesiumgehalt des Bodens. In: Zwei Verbündete: Kalium und Magnesium, 198—204. Berlin, Deutsche Waren-Vertriebsgesellschaft 1953.

9. Enzmann, J.: Ein Beitrag zur Frage des Einflusses der Magnesiumsulfatdüngung auf den Wasserhaushalt von Getreide. In: Magnesium — ein Pflanzennährstoff, 27—43. Berlin, Deutscher Innen- und Außenhandel Bergbau 1952 (ins Englische übertragen).

10. FISCHER, R.: Magnesiummangel und seine Ursachen. Hopfenrundschau **7,** Nr. 2, 15—16 (1956).

11. HESTER, J. B., G. E. SMITH, and F. A. SHELTON: The Relation of Rainfall, Soil Type and Replaceable Magnesium to Deficiency Symptoms. Proceedings of the American Society for Horticultural Science **49,** 304—308 (1947).

12. JACOB, A.: Magnesia, der fünfte Pflanzenhauptnährstoff. Stuttgart, Enke 1955.

13. KUBOWITZ, F. und W. LÜTTGENS: Zusammensetzung, Spaltung und Resynthese der Carboxylase. Biochemische Zeitschrift **307,** 170—172 (1940/41).

14. LIEBIG, J. v.: Die Chemie in ihrer Anwendung auf Agricultur und Physiologie. In zwei Theilen. Siebente Auflage. Erster Theil: Der chemische Proceß der Ernährung der Vegetabilien. Braunschweig, Vieweg u. Sohn 1862.

15. LOEW, O.: Die Bedeutung der Kalk- und Magnesiasalze in der Landwirtschaft. Die landwirtschaftlichen Versuchs-Stationen **41,** 467—475 (1892).

16. LOEW, O.: Ueber die physiologischen Functionen der Calcium- und Magnesiumsalze im Pflanzenorganismus. Flora **75** (N. R. **50**), 368—394 (1892).

17. LUNDEGÅRDH, H.: Die Nährstoffaufnahme der Pflanze. Jena, Fischer 1932.

18. MAYER, A.: Lehrbuch der Agrikulturchemie in Vorlesungen **1**: Die Ernährung der grünen Gewächse. Heidelberg, Winter's Universitätsbuchhandlung 1905.

19. MICHAEL, G.: Über die Aufnahme und Verteilung des Magnesiums und dessen Rolle in der höheren grünen Pflanze. Bodenkunde und Pflanzenernährung **25** (**70**), 65—120 (1941).

20. MULDER, D.: Magnesiummangel im Obstbau. In: Zwei Verbündete: Kalium und Magnesium, 91—106. Berlin, Deutsche Waren-Vertriebsgesellschaft 1953.

21. SCHACHTSCHABEL, P.: Das pflanzenverfügbare Magnesium des Bodens und seine Bestimmung. Zeitschrift für Pflanzenernährung, Düngung, Bodenkunde **67** (**112**), 9—23 (1954).

22. SCHACHTSCHABEL, P.: Der Magnesiumversorgungsgrad nordwestdeutscher Böden und seine Beziehungen zum Auftreten von Mangelsymptomen an Kartoffeln. Zeitschrift für Pflanzenernährung, Düngung, Bodenkunde **74** (**119**), 202—219 (1956).

23. SCHARRER, K. und R. BÜRKE: Der Einfluß der Ernährung auf die Provitamin-A-(Carotin)-Bildung in landwirtschaftlichen Nutzpflanzen. Zeit-

schrift für Pflanzenernährung, Düngung, Bodenkunde **62** (**107**), 244—262 (1953).

24. SCHARRER, K. und R. BÜRKE: Fortschritte der Agrikulturchemie (Pflanzenernährung). Dresden und Leipzig, Steinkopff 1955.

25. SCHARRER, K. und R. SCHREIBER: Gefäßversuche mit verschiedenen Kalisalzen zu Mais unter gleichzeitiger Berücksichtigung des Magnesiums und des Bors. In: Magnesium — ein Pflanzennährstoff, 115—123. Berlin, Deutscher Innen- und Außenhandel Bergbau 1952 (ins Englische übertragen).

26. SCHILLING, G.: Die Magnesiumversorgung der Ackerböden in der DDR. Vortrag in der Sitzung der Sektion Bodenkunde, Pflanzenernährung und Ackerbau der Deutschen Akademie der Landwirtschaftswissenschaften zu Berlin am 17. I. 1957.

27. SCHROPP, W.: Wasserkulturversuche über die Wirkung des Magnesiums in Nährlösungen mit verschiedener Reaktion. Zeitschrift für Pflanzenernährung, Düngung, Bodenkunde **48** (**93**), 65—84 (1950).

28. SELKE, W.: Beziehungen zwischen der Wirkung von Kalk-, Magnesium- und Stickstoffdüngung auf einem stark versauerten Sandboden. In: Zwei Verbündete: Kalium und Magnesium, 153—191. Berlin, Deutsche Waren-Vertriebsgesellschaft 1953.

29. SPACKELER, G.: Über die Möglichkeit einer Lieferung von Magnesiumsulfat als Düngemittel seitens des Kalibergbaus der DDR. Vortrag in der Plenarsitzung der Sächsischen Akademie der Wissenschaften zu Leipzig am 6. V. 1957.

30. WALLACE, T.: The Diagnosis of Mineral Deficiencies in Plants by Visual Symptoms. London, His Majesty's Stationery Office 1951.

31. WARBURG, O. und W. CHRISTIAN: Isolierung und Kristallisation des Gärungsferments Enolase. Die Naturwissenschaften **29**, 589—590 (1941).

32. WILLSTÄTTER, R.: Untersuchungen über Chlorophyll; II. Zur Kenntniß der Zusammensetzung des Chlorophylls. Justus Liebig's Annalen der Chemie **350**, 48—82 (1906).

33. ZWICKER, R.: Die „Anwelktranspiration" unter besonderer Berücksichtigung der Temperatur des Substrates im Hinblick auf die Ermittlung vergleich- und reproduzierbarer Versuchsergebnisse bei der Kartoffel. Die Deutsche Landwirtschaft **7**, 19—22, (1956).

34. ZWICKER, R.: Die „Anwelktranspiration" im Blickfelde des Welkens der Pflanzen. Zeitschrift für Acker- und Pflanzenbau **101**, 431—452 (1956).

DISKUSSIONSBEITRÄGE

ARTHUR SIMON: Was die Düngewirkung der Magnesiumsalze anbetrifft, so darf ich darauf hinweisen, daß die kombinierte Wirkung von Magnesiumsalzen und anderen Salzen von größter Bedeutung ist. So ist z. B. die Bildung des Chlorophylls, das als solches eisenfrei ist, nicht ohne die Mitwirkung von Eisensalzen möglich.

ANTON LISSNER: Bekanntlich ist im gewöhnlichen Carnallit mitunter auch Bromcarnallit enthalten. Wird nun Carnallitgestein zur Gewinnung des Magnesiumsulfats herangezogen, so kann in dieses Brom gelangen. Ich möchte darauf hinweisen, daß das Spurenelement Brom sich möglicherweise bei der Magnesiadüngung als negativer Katalysator erweisen kann, während umgekehrt das Element Eisen, wie schon Herr SIMON erwähnte, die Magnesiumaufnahme der Pflanze begünstigt.

FRANZ RUNGE: Schon in frühester Zeit, also um die Jahrhundertwende herum, wurde Magnesiumsulfat nach England und Amerika exportiert, wo durch Umkristallisation daraus andere Sulfate hergestellt wurden, um Schwefelsäure zu sparen. Ein Vorgang, der allmählich eingeschlafen ist.

In gewissem Umfange kann sicher auch die Magnesiumdüngung durch gebrannten Magnesit oder Dolomit stattfinden, wie man ja auch gebrannten Kalk auf den Acker bringt. Magnesiumsulfat wird sicher zur Versäuerung des Bodens beitragen. Das Weltmonopol von Deutschland würde sich also nur auf Magnesiumsulfat beziehen.

KURT SCHWABE: Ein zusätzlicher Bedarf an Magnesia wird ähnlich wie in den USA auch in der DDR auftreten, weil die

Zellstoffabriken eventuell dazu übergehen, statt mit Calciumbisulfit mit Magnesiumbisulfit aufzuschließen. Dieses bietet den Vorteil, daß ein besserer Zellstoff erzeugt wird und vor allem die Ablaugen leichter zu verbrennen und zu regenerieren sind. Insofern steht diese Frage in engstem Zusammenhang mit dem anderen Problem, das von der Sächsischen Akademie der Wissenschaften in großem Rahmen bearbeitet wird, nämlich der Abwasserbeseitigung. Gerade die Zellstoffabriken sind ja ein außerordentlich großer und unerfreulicher Abwasserproduzent. Wenn durch Verwendung von Magnesiumbisulfit statt Calciumbisulfit die Verbrennung und Regeneration von Ablaugen leichter durchgeführt werden könnte, würde das eine wesentliche Entlastung unserer Flüsse bedeuten. In den USA und anderen Ländern sind bereits Anlagen dieser Art in Betrieb. Eine Versuchsanlage in der DDR ist ebenfalls projektiert.

Kurt Mothes: In beiden Teilen Deutschlands wurden in den letzten Jahren Untersuchungen durchgeführt, die es wahrscheinlich machen, daß Magnesium-Mangel eine wesentliche Ursache von Wuchsstörungen bei Forstpflanzen ist. Man kennt seit langem das schwache Wachstum von Jungpflanzen, insbesondere der Nadelgehölze, in den Anzuchtkamps und auf Kahlflächen. Diese Störung ist häufig von ausgesprochenem Chlorophyllmangel begleitet. Es hat sich gezeigt, daß auf Sandböden und saueren Gebirgsböden Magnesiumdüngung diesen Schaden zu beheben vermag. Was den Jungpflanzen sichtbar mangelt, dürfte auch älteren Holzbeständen nicht genügend zur Verfügung stehen. Unser Waldbau steht erst am Anfang einer rentablen Wirtschaftsweise. Der Ruf „Zurück zu natürlichen Beständen“ ist nur ein Ausdruck der Verlegenheit, weil wir im Waldbau das nicht annähernd beherrschen, was in der Landwirtschaft selbstverständlich ist, die richtige Steuerung der Ernährung zum Zwecke optimaler und nachhaltiger Holzproduktion.

Die in der Diskussion gestreifte Frage der Eisenmangelerscheinungen kann dahin beantwortet werden, daß in den meisten und in den praktisch wichtigen Fällen Eisen in genügendem Maße im Boden vorhanden ist, daß aber sekundäre Faktoren Eisen nicht genügend effektiv werden lassen. Auch hier haben sich einer wirtschaftlich bedeutsamen Düngung neue Möglichkeiten eröffnet. Organische Verbindungen vom Typ der Chelate können mit Eisen Komplexe bilden, die leichter in die Zellen eindringen und Eisenmangelerscheinungen beheben. Die Chelat-Düngung hat im Weinbau auf Kalkböden und in den kalifornischen Citrus-Kulturen außerordentliche Erfolge gehabt.

Es kann keinem Zweifel unterliegen, daß auf dem Gebiete der Pflanzenernährung in den letzten Jahren eine Reihe neuer sehr wichtiger Gesichtspunkte aufgetaucht sind. Hierher gehören nicht nur Magnesium und Chelate, sondern auch Schwefel und Spurenelemente, das sind Probleme von großer wirtschaftlicher Bedeutung, vor allem aber auch von großer Bedeutung für die Gesundheit von Mensch und Tier.

Anton Arland: Unter Bezugnahme auf die Ausführungen der Herren Diskussionsredner möchte ich noch hinzufügen, daß Dolomit vornehmlich auf sauren Böden zur Anwendung gelangen soll. Leider ist Dolomit bei uns nur in geringen Mengen vorhanden. Erfolgt die Magnesiumdüngung in Form von Magnesiumsulfat oder in Form von magnesiumhaltigen Kalisalzen, so ist ein geordneter Kalkzustand des Bodens Voraussetzung. Im Hinblick auf die geringen zur Verwendung gelangenden Mengen ist die Gefahr einer Versauerung des Bodens unbedeutend. Die Anwendung auf sauren Böden kann jedoch für die Pflanzen von nachteiligem Einfluß sein. In besonderen Fällen könnte die Versorgung der Pflanzen mit Magnesium, z. B. bei Obst, durch Besprühen der Blätter mit $MgSO_4$-Lösung bestimmter Konzentration erfolgen.

Heft 4 Prof. Dr. HERBERT BECKERT / Prof. Dr. HANS SALIÉ, Bemerkungen über die Verbiegung hyperbolisch gekrümmter Flächenstücke / Über Abels Verallgemeinerung der binomischen Formel
22 Seiten — 2 Abbildungen — 8⁰ — 1951 — DM 2,25

Heft 5 Prof. Dr. ERICH STRACK, Die Dauerinfusion als Verfahren zur Erforschung des Kohlenhydratstoffwechsels des Tierkörpers
20 Seiten — 8⁰ — 1952 — DM 2,—

Band 99

Heft 1 Prof. Dr. HEINRICH BRANDT, Über das quadratische Reziprozitätsgesetz
18 Seiten — 8⁰ — 1951 — DM 1,90 (vergriffen)

Heft 2 Prof. Dr. GEORG SPACKELER, Der Gebirgsdruck und seine Beherrschung durch den Bergmann
36 Seiten — 12 Abbildungen — 8⁰ — 1951 — DM 1,65 (vergriffen)

Heft 3 Prof. Dr. ERNST DIEPSCHLAG, Die Anwendbarkeit der Regelungstechnik in der Hüttenindustrie
38 Seiten — 12 Abbildungen — 8⁰ — 1952 — DM 3,90

Heft 4 Prof. Dr. ALBERT FROMME, Die Bedeutung der Entwicklungsgeschichte, besonders des Mesenchyms für die Klinik
24 Seiten — 8⁰ — 1952 — DM 1,75 (vergriffen)

Heft 5 Dr. ROBERT BÖKER, Die Entstehung der Sternsphäre Arats
68 Seiten — 4 Abbildungen — 2 Ausschlagtafeln — 3 Tabellen — 8⁰ — 1952 — DM 5,60

Band 100

Heft 1 Prof. Dr. HEINRICH BRANDT, Über Stammfaktoren bei ternären quadratischen Formen
24 Seiten — 8⁰ — 1952 — DM 2,25

Heft 2 Dr. PAUL GÜNTHER, Zur Gültigkeit des Huygens'schen Prinzips bei partiellen Differentialgleichungen vom normalen hyperbolischen Typus
43 Seiten — 8⁰ — 1952 — DM 5,—

Heft 3 Dr. ALFRED MÜLLER, Die Schaubarkeit in der Axonometrie
22 Seiten — 3 Ausschlagtafeln — 8⁰ — 1952 — DM 3,—

Heft 4 Prof. Dr.-Ing. ENNO HEIDEBROEK, Die Beziehungen zwischen Härte, Schmierung und Verschleißfestigkeit
Nachdruck — 40 Seiten — 10 Abbildungen — 8⁰ — 1954 — DM 3,40

Heft 5 Prof. Dr. ROBERT SCHRÖDER, Frauenheilkunde in Forschung und Praxis
22 Seiten — 8⁰ — 1952 — DM 1,35

Heft 6 Dr. ROLF REISSIG, Die pandiagonalen Quadrate vierter Ordnung
54 Seiten — 8⁰ — 1952 — DM 5,—

Heft 7 Prof. Dr. MAX ROBITZSCH †, Die Erforschung der Atmosphäre, ihre Methodik und ihre Probleme
30 Seiten — 12 Abbildungen — 4 Kunstdrucktafeln — 8⁰ — 1953 — DM 2,50

Band 101

Heft 1 Prof. Dr. KURT SCHWABE, Periodische Erscheinungen bei der anodischen Auflösung des Zinks
33 Seiten — 14 Abbildungen — 8° — 1954 — DM 3,—

Heft 2 Dr. UDO PIRL, Positive Lösungen einer nichtlinearen Integralgleichung
44 Seiten — 2 Abbildungen — 8° — 1953 — DM 4,—

Heft 3 Dr. JOACHIM FOCKE, Asymptotische Entwicklungen mittels der Methode der stationären Phase
2. unveränderte Auflage — 48 Seiten — 8° — 1957 — DM 4,80 (vergriffen)

Heft 4 Prof Dr. HANS SALIÉ, Zur Verteilung natürlicher Zahlen auf elementfremde Klassen
26 Seiten — 8° — 1954 — DM 2,50

Heft 5 Prof. Dr.-Ing. ENNO HEIDEBROEK, Die Verantwortlichkeit des Ingenieurs
22 Seiten — 8° — 1954 — DM 1,—

Heft 6 Prof. Dr. HANS SCHUBERT / Dr. ERICH SCHINCKE, Zur Ermittlung von Unterschallströmungen mit der Transformationsmethode bei quadratischer Approximation der Adiabate
32 Seiten — 6 Abbildungen — 2 Tabellen — 8° — 1955 — DM 2,30

Heft 7 Dr. HELMUT SCHAEFER, Neue Existenzsätze in der Theorie nichtlinearer Integralgleichungen
40 Seiten — 8° — 1955 — DM 2,40

Band 102

Heft 1 Dr. PAUL GÜNTHER, Über einige spezielle Probleme aus der Theorie der linearen partiellen Differentialgleichungen zweiter Ordnung
50 Seiten — 8° — 1957 — DM 4,60

Heft 2 Prof. Dr. HANS SCHUBERT / Dr. ERICH SCHINCKE, Zum Konturproblem der Hodographenmethode im Unterschall
25 Seiten — 8° — 1957 — DM 2,20

Heft 3 Prof. Dr. FRANZ RUNGE, Über die Polymerisation ungesättigter organischer Verbindungen
13 Seiten — 1 Tabelle — 8° — 1957 — DM 1,—

Heft 4 Dr. VICTOR VÂLCOVICI, Une extension des liaisons non holonomes et des principes variationnels
39 Seiten — 8° — 1958 — DM 2,40

Heft 5 Dr. ROLF KLÖTZLER, Beiträge zur Theorie mehrdimensionaler Variationsprobleme mit geknickten Extremalen
72 Seiten — 8° — 1958 — DM 4,30

Heft 6 Prof. Dr. PAULA HERTWIG, Strahlenschäden und Strahlenschutz im zellulären Bereich
43 Seiten — 14 Abbildungen — 4 Tafeln — 6 Tabellen — 8° — 1957 — DM 2,—

Heft 7 Prof. Dr. WILHELM TREIBS, Entwicklungslinien der organischen Chemie
25 Seiten — 8° — 1957 — DM 1,40

Bestellungen durch eine Buchhandlung erbeten

AKADEMIE-VERLAG · BERLIN

FSC
www.fsc.org
MIX
Papier | Fördert gute Waldnutzung
FSC® C083411

Kolibri 360 GmbH
Ferdinand-Jühlke-Straße 7
99095 Erfurt, Deutschland
produktsicherheit@kolibri360.de